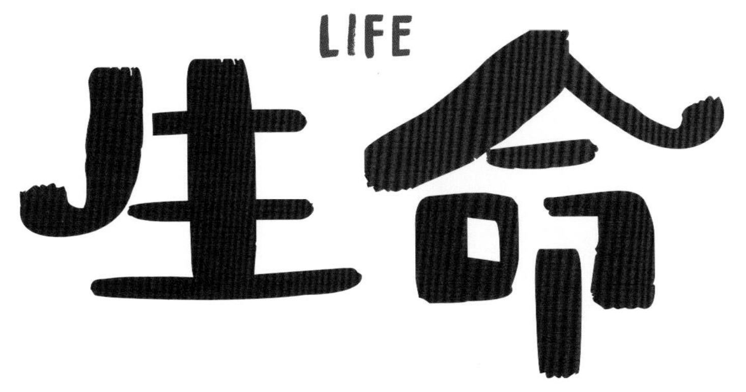

万物不可思议的连接方式

万物不可思议的连接方式

[美]米莎·布莱斯/著绘
梅静/译

中信出版集团 | 北京

图书在版编目（CIP）数据

生命：万物不可思议的连接方式 /（美）米莎·布莱斯著绘；梅静译 . -- 北京：中信出版社，2023.4
书名原文：This Phenomenal Life: The Amazing Ways We Are Connected with Our Universe
ISBN 978-7-5217-5347-9

Ⅰ．①生… Ⅱ．①米… ②梅… Ⅲ．①自然科学－少儿读物 Ⅳ．① N49

中国国家版本馆 CIP 数据核字 (2023) 第 026615 号

生命：万物不可思议的连接方式

著 绘 者：［美］米莎·布莱斯
译　　者：梅静
出版发行：中信出版集团股份有限公司
（北京市朝阳区东三环北路27号嘉铭中心　邮编　100020）
承 印 者：北京瑞禾彩色印刷有限公司

开　　本：787mm × 1092mm　1/12　　印　　张：$12\frac{2}{3}$　　字　　数：300千字
版　　次：2023年4月第1版　　印　　次：2023年4月第1次印刷
京权图字：01-2023-0879
书　　号：ISBN 978-7-5217-5347-9
审 图 号：GS 京（2023）0364 号（本书地图系原书插附地图）
定　　价：98.00元

出　　品：中信儿童书店
图书策划：如果童书
策划编辑：王玫
责任编辑：曹威　　营销编辑：中信童书营销中心
封面设计：柴世源　　内文排版：杨兴艳

服务热线：400-600-8099
投稿邮箱：author@citicpub.com

序言

当我们远离城市的光污染仰头凝望满天繁星，或与沉闷的商场相隔千里激动地探索密林时，几乎没人能否认大自然的雄伟壮丽。走进大自然，不仅能开阔我们的视野，还能给予我们新的活力。大部分时间都在城市生活的人，有时会觉得荒野是另外一个不同的世界。

但其实，每天、每时、每刻，无论我们身在何处，都与狂野又神秘的宇宙紧密相连。清晨，你一边啜着咖啡，一边浏览智能手机时，你体内的每个细胞都处于运动状态，不停地上演着成长、死亡和新生的戏码。上班路上遇到交通堵塞时，你其实正在与万事万物共同书写地球生物圈的传奇故事。大自然并非只是户外露营时才能接触到的“外物”，它其实一直都在我们身边，在我们体内。我们如何建设城市，以及如何生活，都能直接体现出人与自然的密切关系。

本书旨在提醒人们：我们与世界，以及世界上的所有生物（包括人类和非人类的一切生命）紧密相连。人类是个大家庭，共享同一个家园——地球。我们所有的物质材料，比如衣服、食物和汽车等，都源自地球。最后，请记住：无垠的宇宙广阔而神秘，我们都是宇宙的化身。

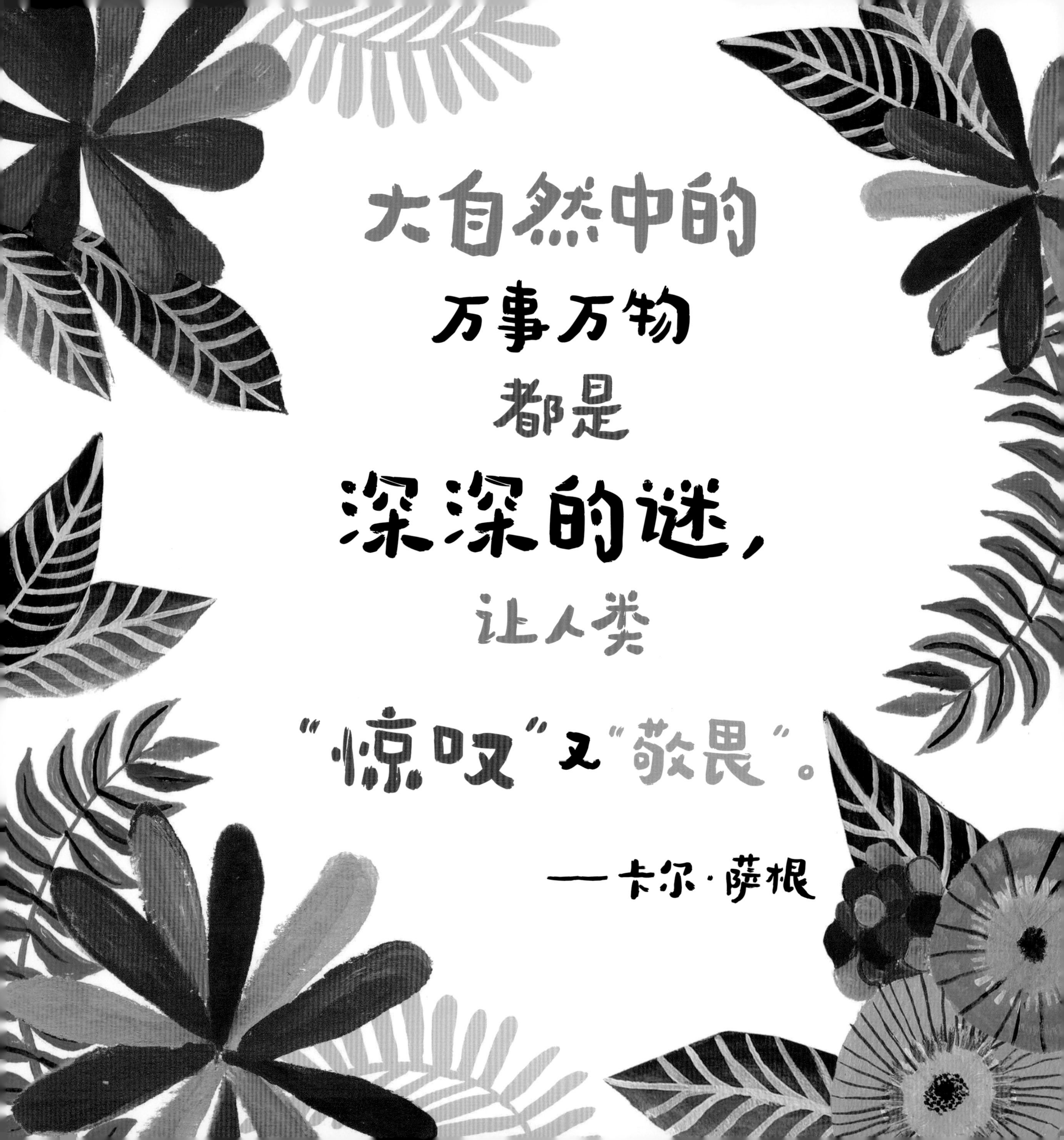
大自然中的
万事万物
都是
深深的谜，
让人类
“惊叹”又“敬畏”。
——卡尔·萨根

大自然是物质世界的集合，
通俗来说，
就是“一切非人造的事物”。

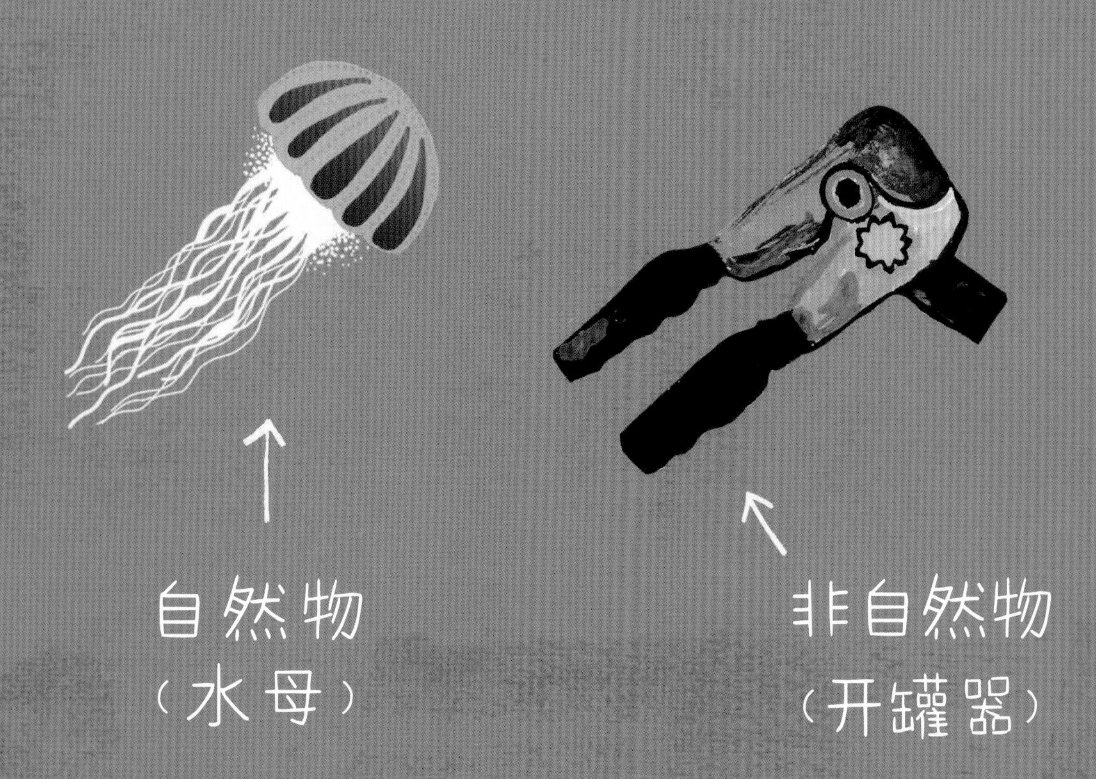

或许，你还记得那些感受到自然之美
或自然之力的瞬间：

意外邂逅
野生动物，

或在森林中

迷了路。

我们很多人都住在城市里，
似乎已经跟大自然失去了联系。

但是，既然生活在地球上，
那无论住在哪儿，
我们的家都处于大自然中。

哪怕在人口稠密的城市中，依然能发现大自然的踪迹。

每一天，即便毫无察觉，我们也时刻都在切身体验宇宙复杂的循环体系、
神秘的运动过程和一系列精彩的戏剧性事件。
本书将告诉你，人类和宇宙有哪些深邃的联系。

在这些

不可思议的生命中。

人体 96% 的物质，都由 4 种元素构成。

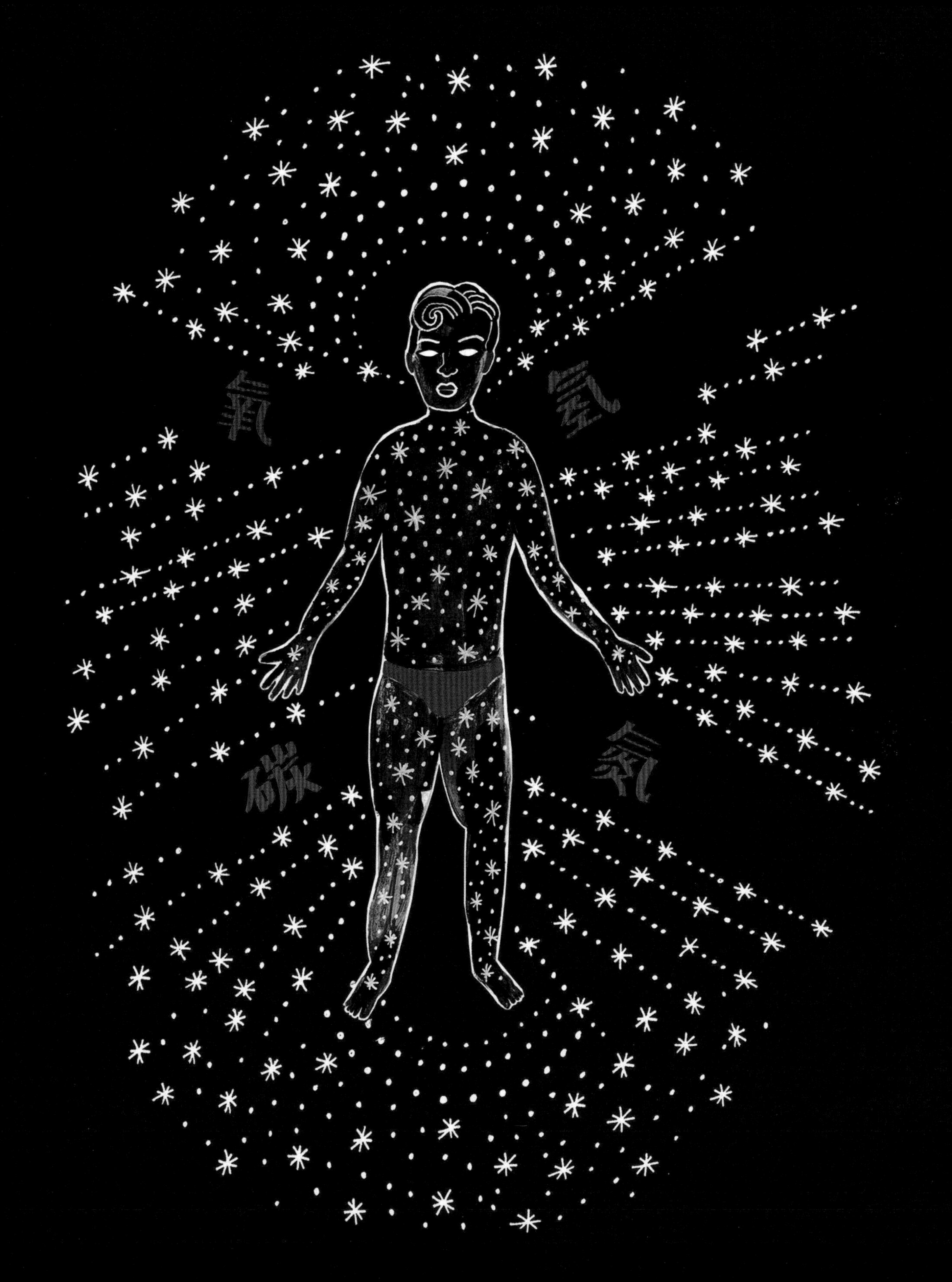
氧
氢
碳

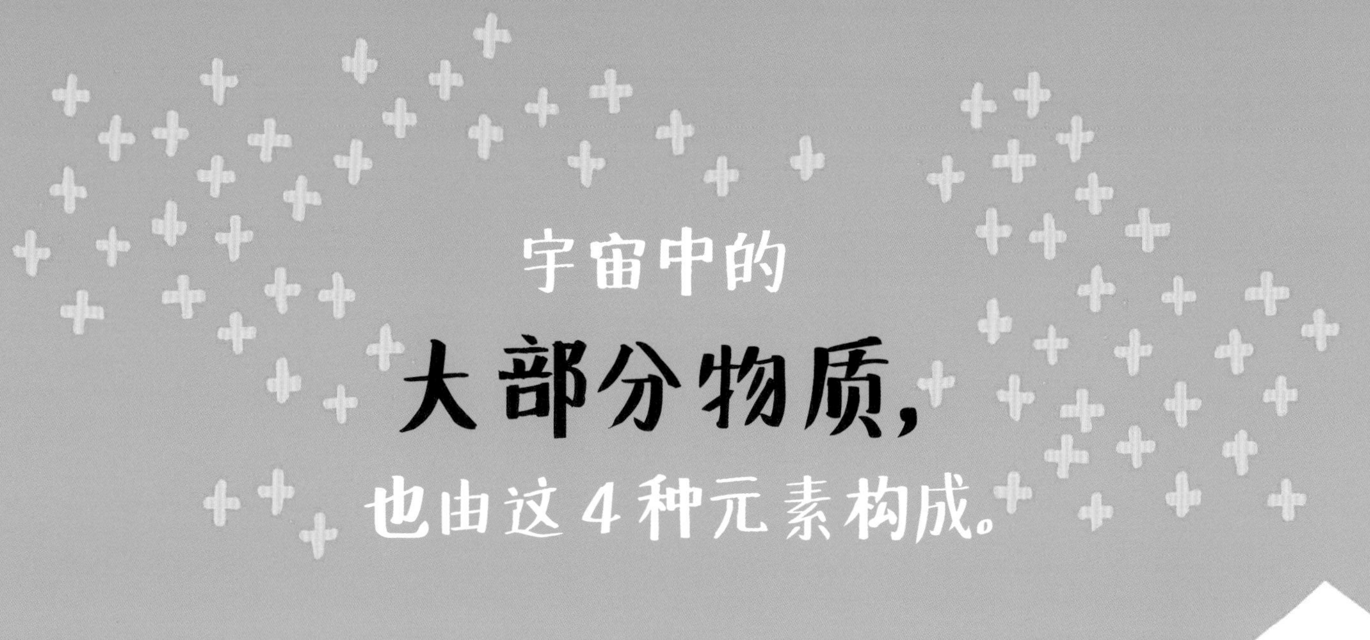

宇宙中的

大部分物质，

也由这 4 种元素构成。

大气

78% 是氮，21% 是氧，1% 是其他元素。

海水

85% 是氧，10% 是氢，5% 是其他元素。

太阳

71% 是氢，27% 是氦，2% 是其他元素。

地壳

49% 是氧，26% 是硅，8% 是铝，
17% 是其他元素。

所有在地球上演化出生命的元素，
都源自太空。
当我们凝望夜空中的每一颗闪亮小星星时，
看到的都是遥远的自己。

其实，我们都由星星组成。
我们体内的原子，
都跟宇宙一样古老。

你就是
宇宙暂时以
人类的形态
表现出的自我。

—— 埃克哈特 · 托利

根据

“大爆炸宇宙论”，

最初，宇宙中的所有物质都被压缩成

一个无限小的点——

这是个无限密集的点，处于巨大的压力之下。

奇点突然膨胀，然后向外扩张，最终形成整个宇宙。
现代测量数据表明，这场大爆炸发生于约 138 亿年前。

大爆炸只释放出氢、氦和少量其他最轻的元素（比如锂）。
约 1 亿年后，随着宇宙稍微冷却，这些元素开始聚集形成气体云，
并最终形成恒星。

基本上，恒星就是个主要由氢和氦组成的、不断“爆炸”的球体。
恒星就像个核反应堆，一直在积极地将自身的燃料转化为其他物质。

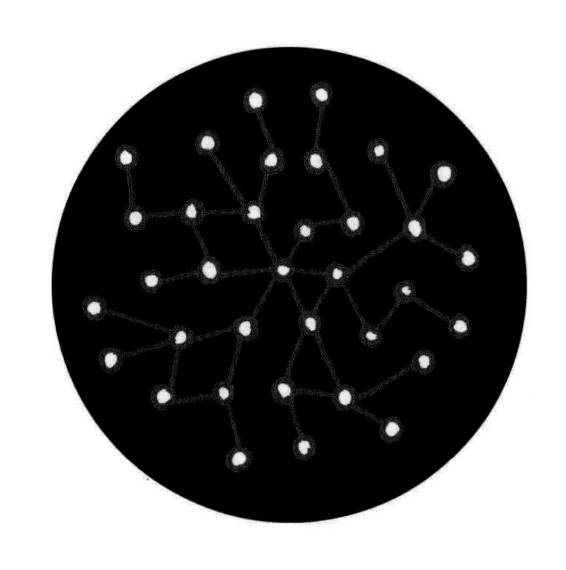

碳、氮、氧，
以及构成我们的其他所有元素，
都形成于恒星的核心区。

有些元素，

比如碳，

会在地球生物圈中被反复地循环利用。如今地球上的碳含量，与45亿年前地球形成之初时的碳含量相同。此刻你体内的那些碳原子，或许早已经在这数亿年的循环过程中，变换了无数形态。

你体内的某个碳原子，
或许曾经也是它们的一部分。

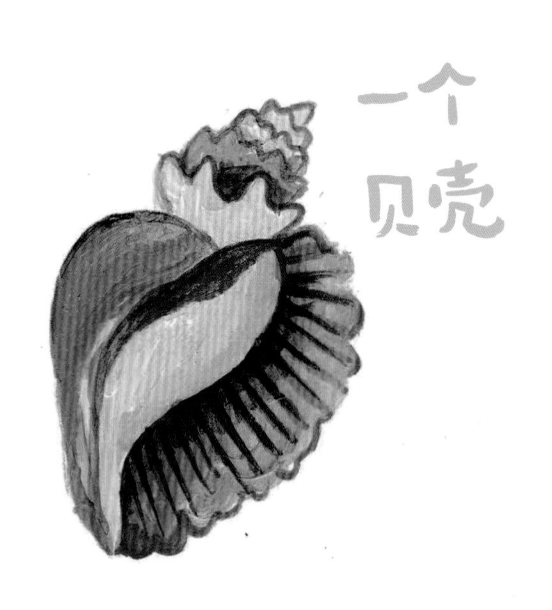

一次火山喷发

一头凶猛的恐龙

曾经属于一头凶猛恐龙的原子，
或许其中一些此刻正在你体内，
另一些则存在于你每天接触的人或物之中。

从群星上诞生的
古老元素，
早上好!
将我们与
万物相连。

仅我们所在的银河系，就有大约 2 000 亿颗恒星。

天文学家们估计，在可观测的宇宙中，至少有 1 000 亿个星系。

所以，还有多少未知的生物在与我们共享这份元素遗产呢？

宇宙里的无数颗恒星中，我们感觉
最亲近的或许就是

太阳。

在我们所在的太阳系中，太阳不仅体积最大，
还是地球上几乎所有生命的能量来源。

太阳是个巨大的气体球，
能装下大约 130 万个地球。

人类获取
能量的
主要途径，
就是
“吃”太阳。

我们通过吃植物、植食性动物，或以植食性动物为食的肉食性动物来“吃”太阳。植物基本上都是太阳能量的媒介，借助太阳的能量，植物能将二氧化碳和水转化为糖类（有机物）。一株植物每吸收一道太阳光的能量，都会将其转化为化学能，存储在分子键中，直到被你吃掉。

此时此刻，
在你体内涌动的所有能量，
都是植物从太阳那儿吸收来的。

我们也可以直接从
阳光里获取一点儿“能量”，
就是

维生素 D。

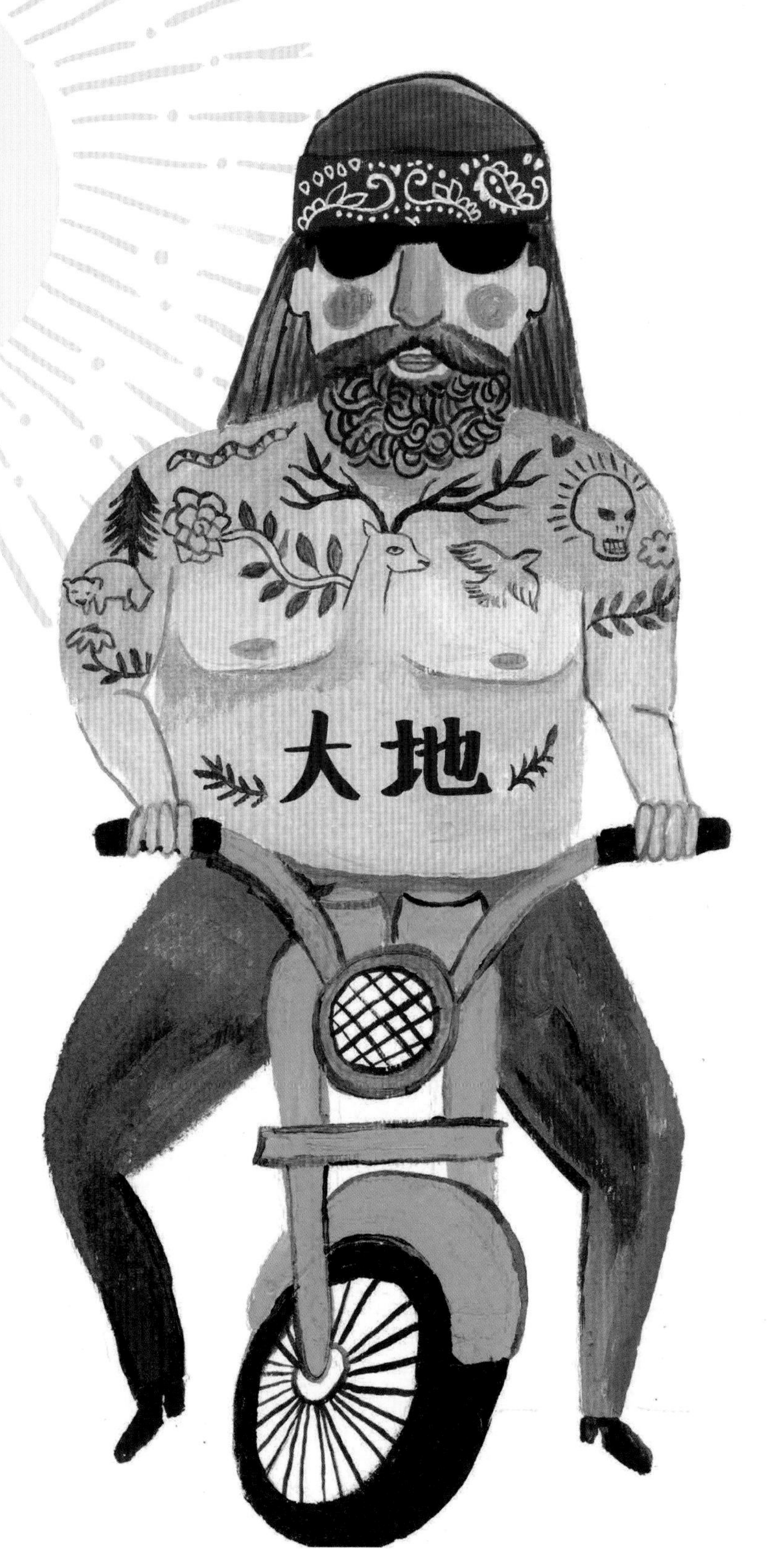

阳光以维生素 D 的
形式进入人体后，
似乎影响了至少 1 000 种
决定人体组织的基因。

即使你的房子不通过太阳能面板获取太阳能，
我们为大多数现代城市供电所用的化石燃料，
也是源自太阳能。

植物和动物的遗骸被埋入地下后，经过地壳亿万年的高温、高压及微生物的作用，
转化为煤、石油和天然气等。植物吸收太阳能，动物吃下植物，
它们被一起掩埋，最终转化为如今的能源。

太阳不仅在各个方面为我们的
生活提供能源，还将地球纳入它的“保护圈”——

日球层。

太阳发射的带电粒子流（即太阳风）
和磁场会形成一个巨大的气泡。
这个气泡就是日球层。
日球层不是完美的球形。
它不仅将整个太阳系包裹在内，
还延伸到了冥王星之外的宇宙空间。

日球层保护地球免受太阳系外宇宙射
线和星际尘埃的伤害。
宇宙射线是能破坏臭氧层和人体 DNA
（脱氧核糖核酸）的粒子；
星际尘埃会挡住太阳光，
能让地球再次进入冰期。

日球层顶，

是日球层的最外缘，
距太阳约 180 亿千米。

银河系直径约 10 万光年，太阳系只是银河系的一小部分。

银河系又属于一个更大的星系团——

室女座超星系团。

室女座超星系团

直径约 1.1 亿光年，

大约包含 100 个星系群和星系团。

在太阳系中，除了地球，其他行星和卫星上或许也有水。

众所周知，液态水是生命诞生的关键因素之一。

我们伟大的地球，就大部分被水覆盖着。

广阔无垠的
宇宙充满未知，
而海洋同样神秘莫测。

探索过地球最深海域的人，比在月球上行走过的人还少。

虽然遥感卫星已经绘制出整个洋底的轮廓图，但只有不足 5% 的海床有详细的测绘图。

与此同时，超过 90% 的地球生物都生活在海洋中。

海洋最深处虽然冰冷、黑暗、压力巨大，却是很多生物的家园。

对我们这些陆地生物来说，那是一个奇异而怪诞的世界。

人类与水有 原始联系。

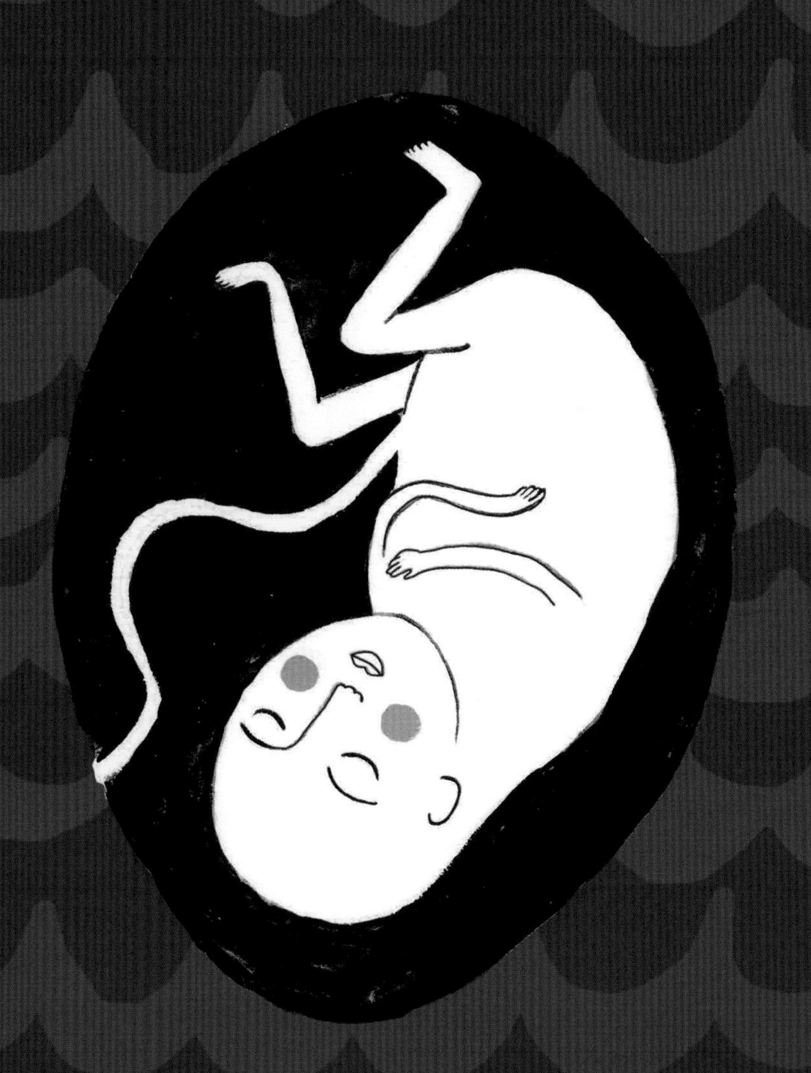

人类的生命诞生于水中。
最初的 9 个月，
我们都在妈妈的子宫里“游泳”。
子宫就是一个海洋般的世界。

我们始终与
水
相伴。
人体大约有
65%
是水。

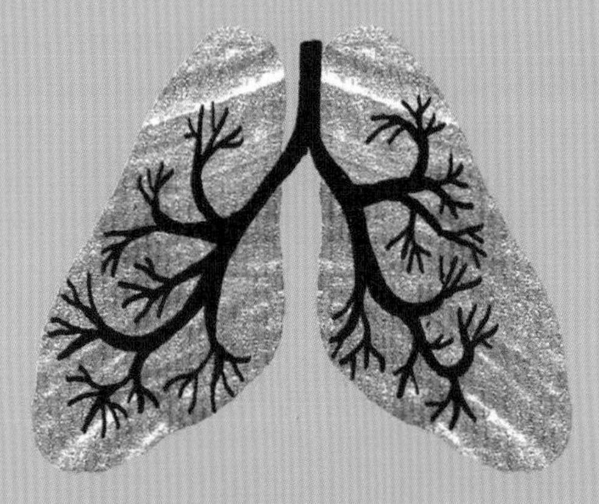

我们的
肺约 90%
是水。

我们的大脑组织几乎
80%
由水组成。

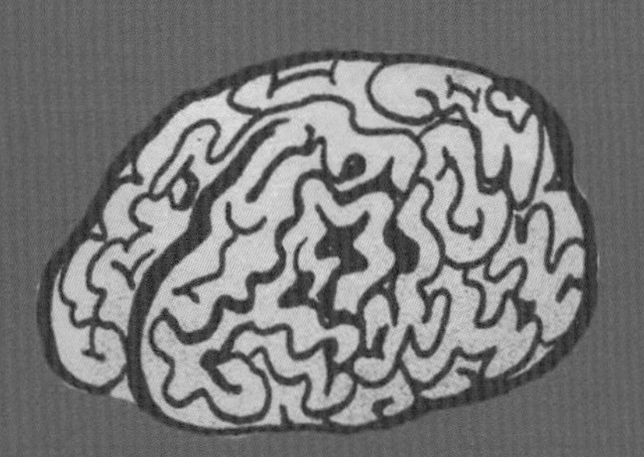

刚出生的
婴儿
几乎 **78%**
都是水。

甚至我们看似坚硬的骨头，
内部也有水在流动。

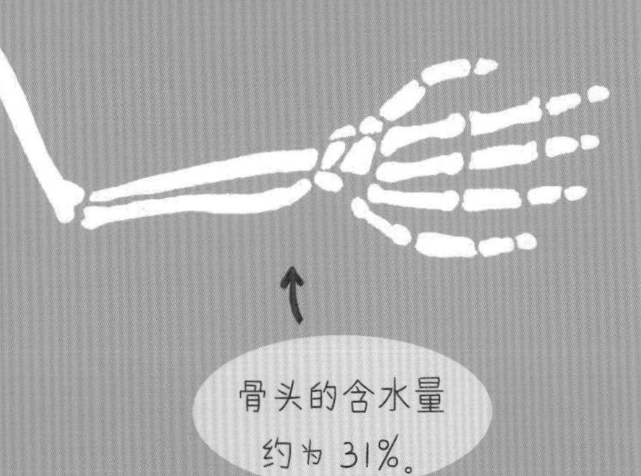

我们消费的每一样东西，

都隐藏着水的足迹。

生产一件产品，相关的种植或供能过程就会消耗一定数量的水。

生产一磅（约 0.45 千克）牛肉，大约需要消耗 6 800 升水。

咖啡
生产一杯咖啡，
大约需要消耗 144 升水。

茶
生产一杯茶，
大约需要消耗 26 升水。

地球的水分子一直在我们周围运动，
不断变化形态——从**液态水**到**水蒸气**或**冰**。

你冲进马桶的水只是刚刚踏上返回海洋的史诗之旅。
它或许会在途中被净化，成为别人的饮用水。

水分子通过各种食物
在我们体内不断地循环。

下面是部分食物的含水量。

牛肉
约 70%
香蕉
约 74%
草莓
约 92%
鸡肉
约 65%

人体的细胞中大部分是水，

另外，人体中还有另一种

肉眼看不见的物质。

其实，人体里布满了各种

微生物。

这些微生物的数量

非常庞大，

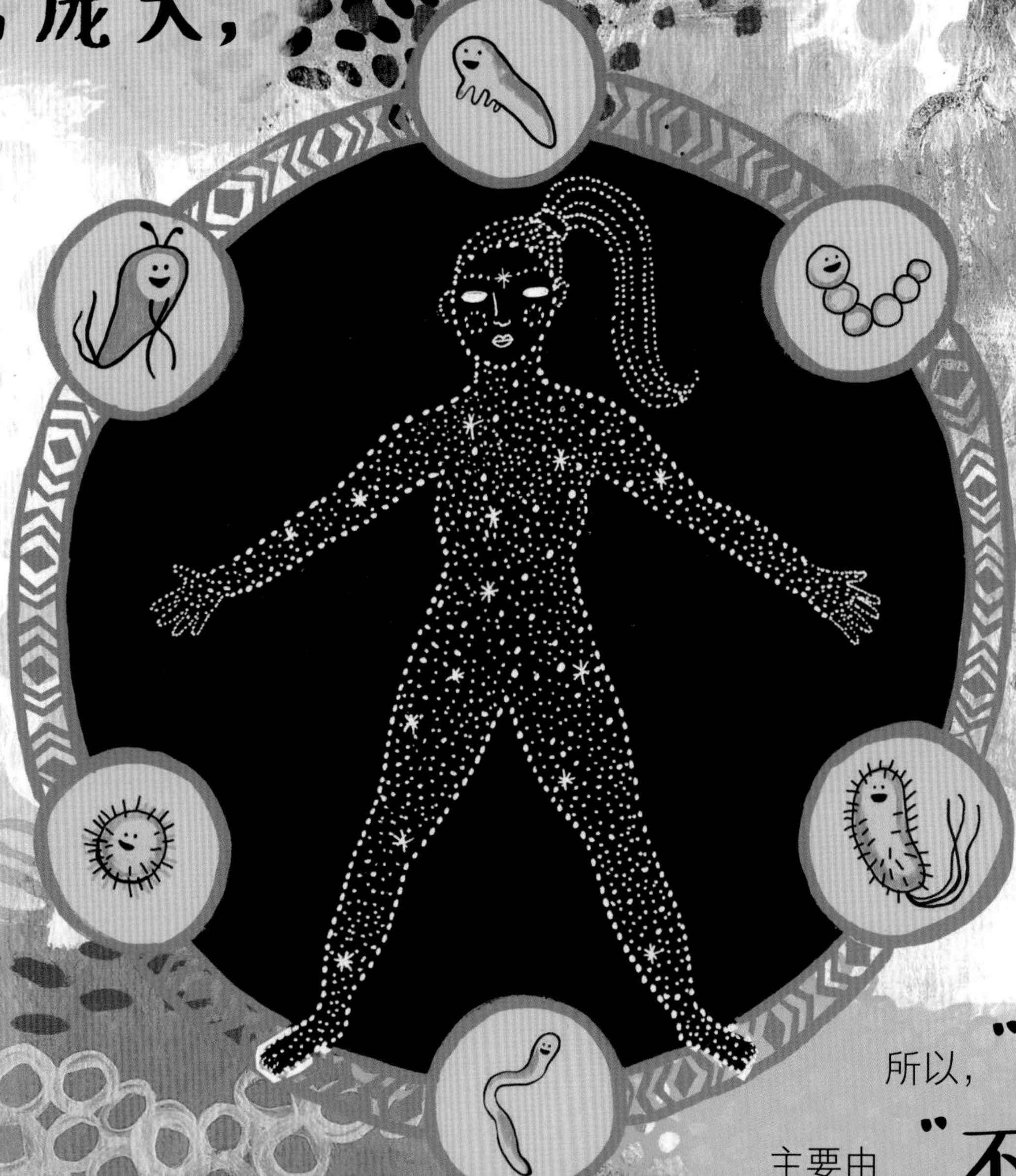

所以，**“你”**

主要由**“不是你”**

的物质组成。

人体内的细菌数量与细胞数量大致相当。

人体内的每个基因都包含 360 个微生物基因。此时此刻，你体内就大约生存着 10 000 种包括细菌、病毒和真菌在内的微生物。

现在，你的**脸**就是一个活跃的

螨虫社区。

每个人都被自己独特的微生物群包围。这个微生物群包括细菌、酵母菌等。它们在你周围的空气中盘旋，形成一团

“微生物云”。

微生物会从皮肤上脱落，随着人的移动或呼吸射入空中。每次靠近别人，你都会跟他交换彼此身上的微生物。每个人的微生物云都截然不同，甚至可以用它来鉴定各自的身份。

我们接触过的每样东西上，都可能留有我们的一部分 DNA。
仅仅是皮肤表层脱落的少许细胞也含有我们的遗传物质。

有些人跟我们碰
触过同一个地方。
我们整天都在跟这些人的
“小影子”互动。

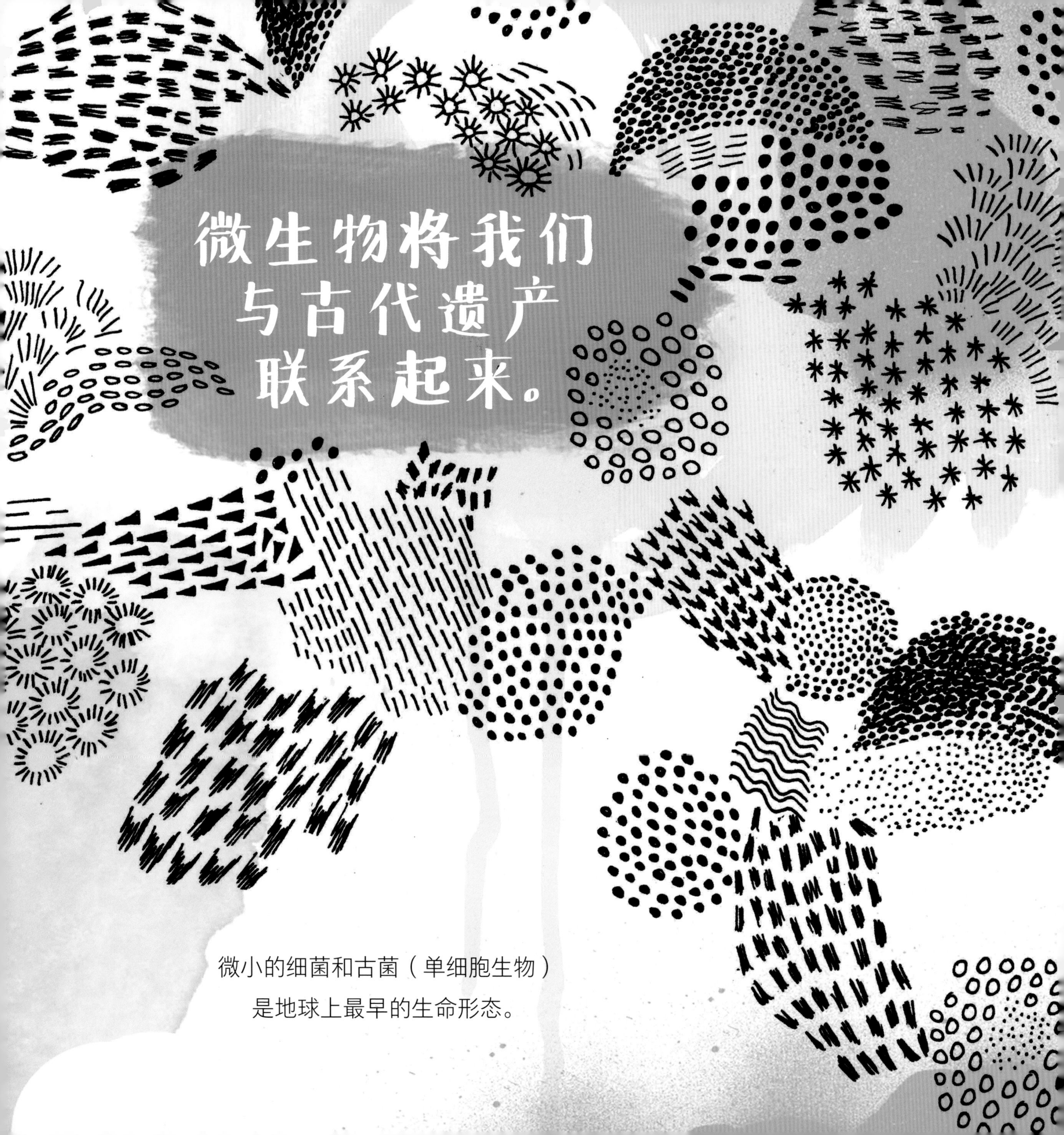

微生物将我们与古代遗产联系起来。

微小的细菌和古菌（单细胞生物）是地球上最早的生命形态。

追溯人类起源，我们或许能找到同一个遥远的祖先——

一个微生物"祖母"。

在澳大利亚西部发现的一个微生物群是迄今为止已知的地球上最古老的生命形态之一。该微生物群生活在约 35 亿年前，就像个小型的人类社会一样运作。微生物群里的每个细胞都是独立的生命个体，但同时又作为一个整体与其他细胞合作。

生活在人类肠道中的微生物群称为

又称“肠道菌群”。

它包含上万亿种微生物，其中至少有 1 000 种已知细菌。

每个人的肠道微生物区系都是独一无二的，

其三分之二都由个体所处的环境和摄入的食物决定。

细菌与肠道浑然一体。
如果你检查横截面，
根本分不清

哪儿是
细菌，
哪儿是
肠道。

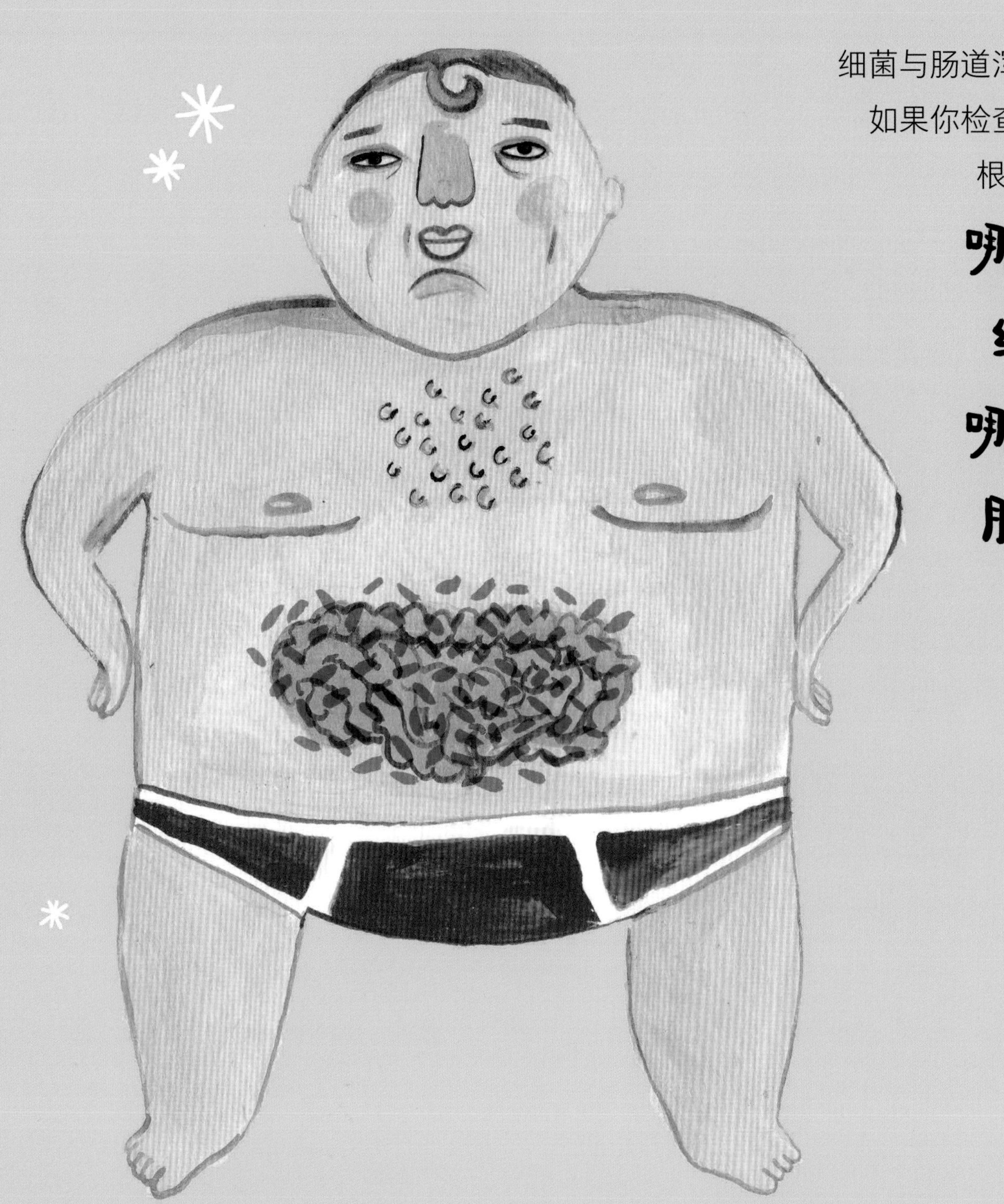

哪怕是待在最干净的屋子里，我们也置身满是各种

微生物的世界。

虽然肉眼看不见，但大约有 63 000 种真菌和 116 000 种细菌在我们的屋子里安家。

“蹲”在马桶上的微生物
和在你枕头上的微生物
数量差不多。
今晚入睡时，
大约会
有 100 万个
真菌孢子
依偎在
你身旁。

屋外花园里的土壤拥有自己的
“平行宇宙”。
地球上几乎三分之一的生命，
在那里上演着生死攸关的大战。

土壤里的食物网

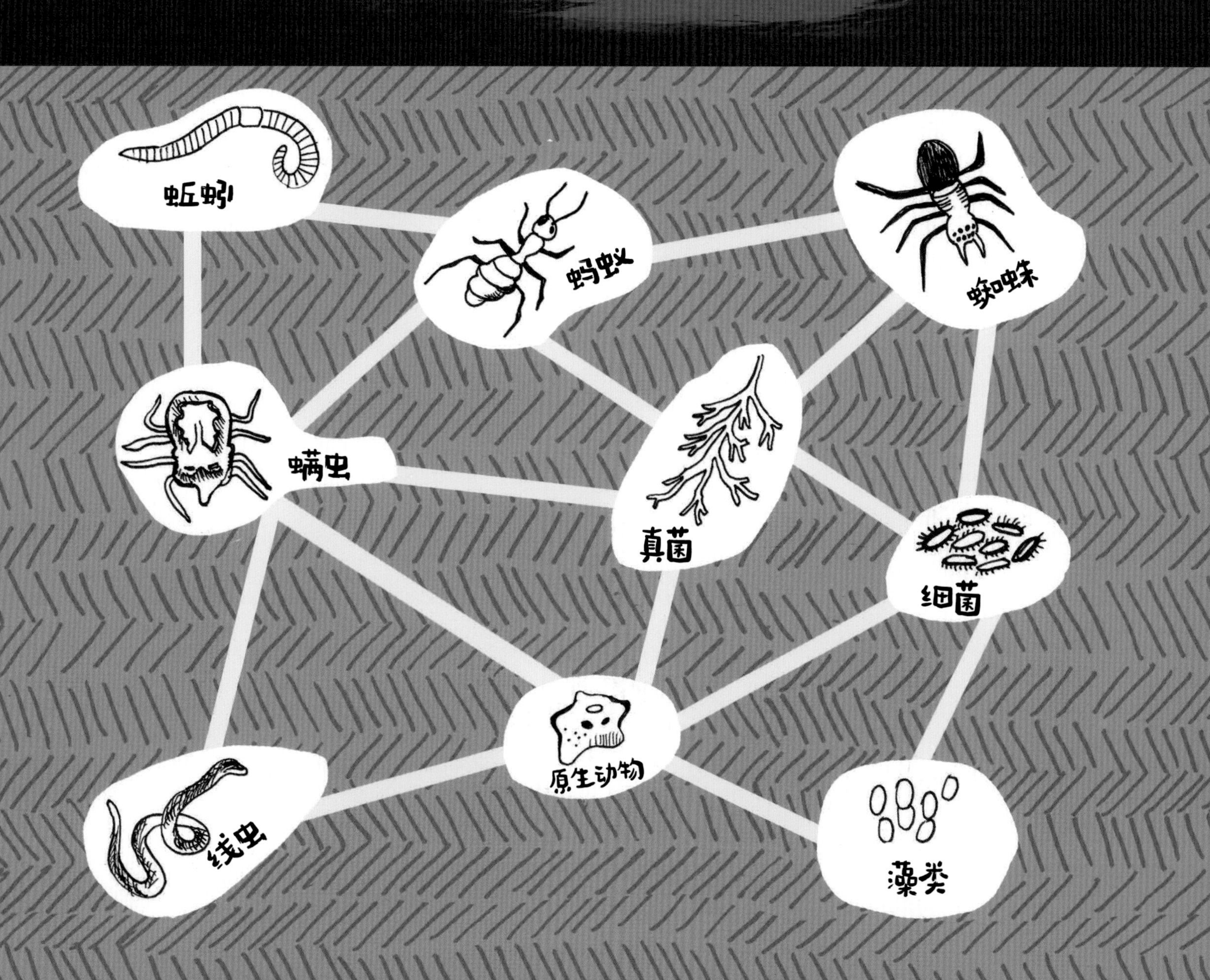

这个复杂的
生态系统的“居民”
异常稠密，
一勺土壤里包含的真菌、
原生动物和细菌的种类数，
就比**全北美洲**
所有植物和脊椎动物
的种类数还要多。

北美洲

在这个独立的现实世界中，生物们忙着
让所有供地球生命生存的营养物质
（比如氮、碳和氧）
循环起来。

土壤里的“居民”是人类的

“分解”同盟，

负责将大型有机物分解成更简单的分子。
这个生态过程至关重要，能让人类社会
免于被大量死去的物体填满。

挖土不仅让我们从情感上
更接近那些地下的“小伙伴”，
也能让我们
感到
快乐。

一种名叫“母牛分枝杆菌”的土壤细菌能刺激

脑神经分泌血清素。

这也是很多抗抑郁的药物的作用。

在土壤中大量繁殖的真菌可能看起来像外星物种，

但从遗传学的角度来说，
真菌与人类的关系比与植物
的更亲近。

动物和真菌有着共同的进化史。

大约 11 亿年前，二者在进化系统树上与植物分开。

人类与真菌共享超过一半的 DNA。

跟我们一样，真菌也吸入氧气，呼出二氧化碳。

在森林中，你迈出的每一步的地面下，
都有一条菌丝体组成的
信息高速公路。
菌丝体就是菌类纵横交错的“根”。
菌丝体是土壤下的
一个连接系统。
1立方英寸（约16立方厘米）
土壤包含的菌丝体延伸开来，
足有8英里（约13千米）。

菌丝体网的生长模式
非常像互联网的视觉模型。
它也很像同样用来传输信息
的人类的神经网络。

菌丝体被称为

“大自然的互联网”。

在地下，庞大的菌丝体网将不同种类的
植物联系起来。它们不仅帮助植物
交换养分，也会促成
“网络攻击”。

例如，一种树木能释放毒素，
抑制周围其他植物的生长。
而帮助传播这些毒素的，正是菌丝体。

正如你跟真菌是名副其实
的表亲一样，
你跟**室内盆栽**的关系，
或许也比
你以为的更亲密。

人类的生命和植物的生命紧密相连。
叶绿素分子的结构跟人类血红蛋白分子
（人类血细胞中的“红色颜料”）的结构几乎相同。

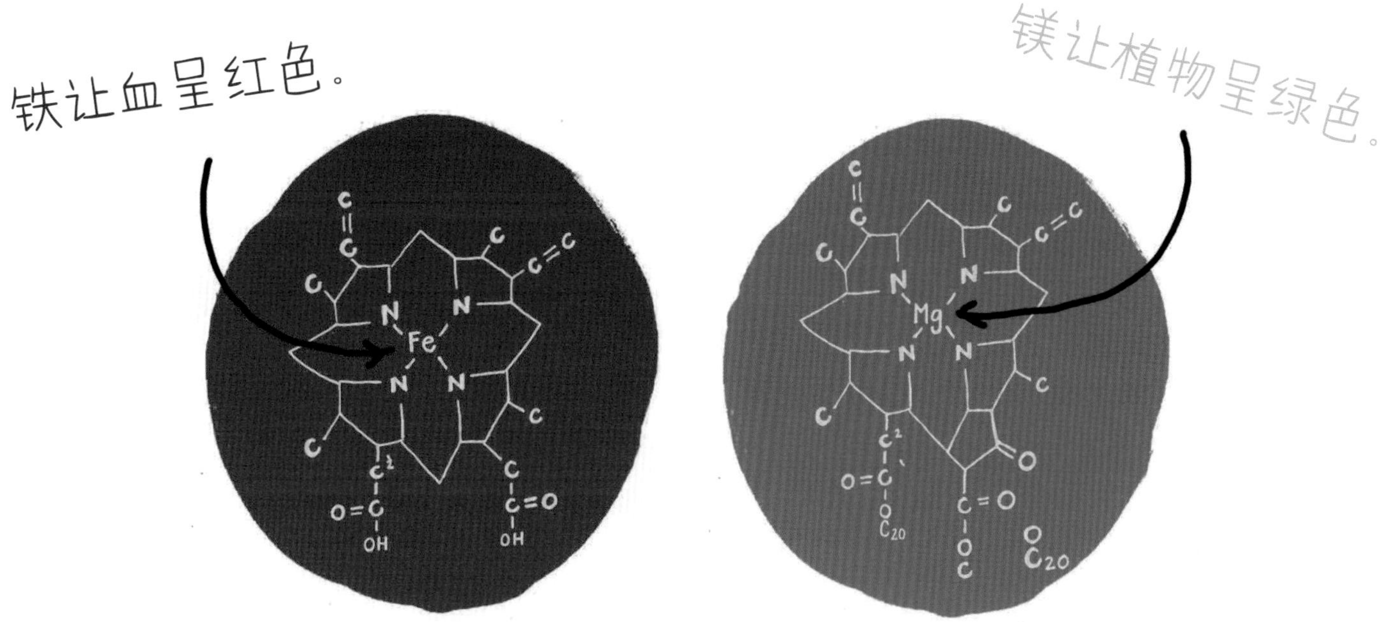

铁让血呈红色。
镁让植物呈绿色。
Fe
Mg

血红蛋白　　**叶绿素**

二者唯一的区别是位于分子中央的原子。
植物中的是镁原子，人体内的则是铁原子。

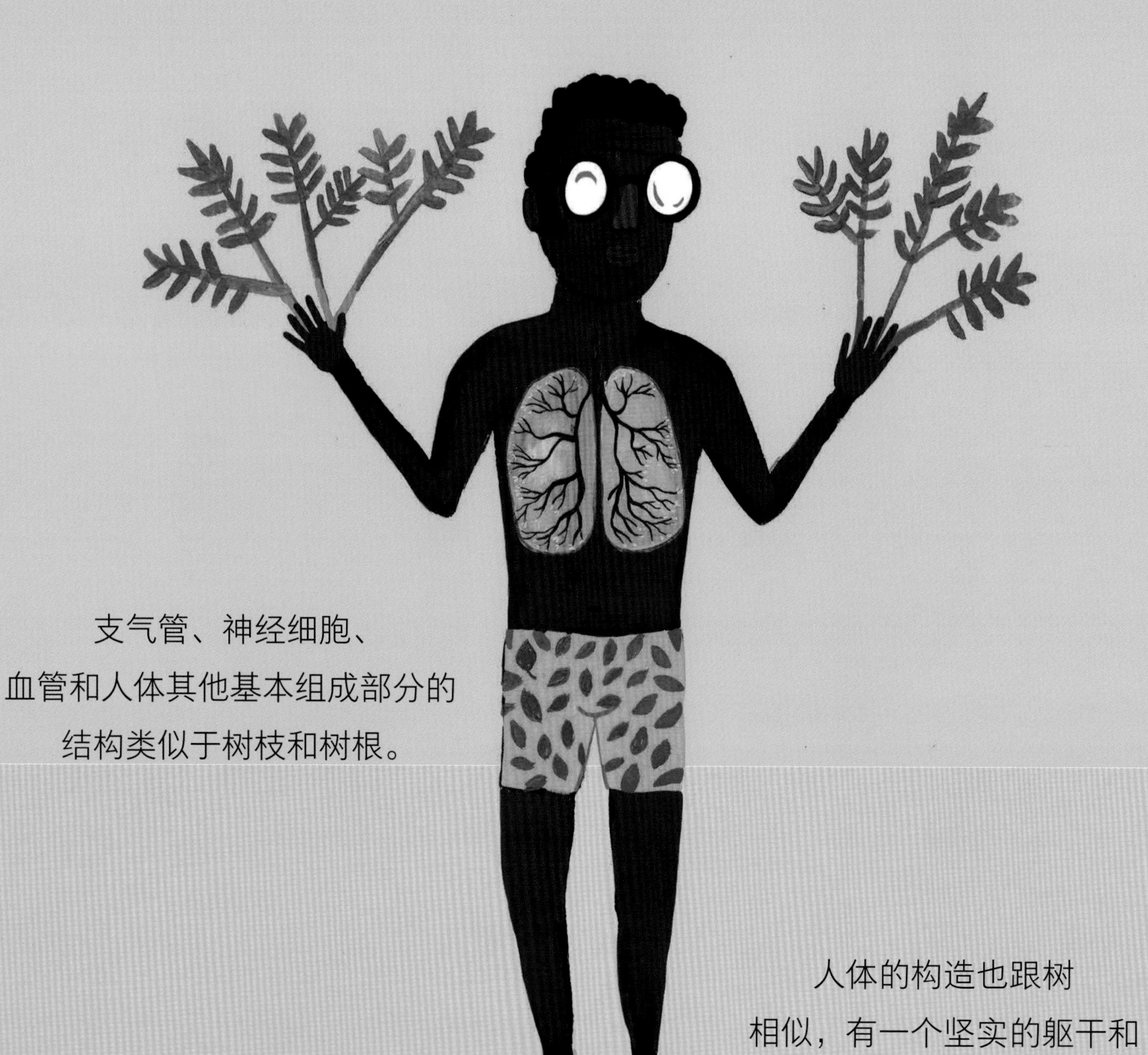

支气管、神经细胞、
血管和人体其他基本组成部分的
结构类似于树枝和树根。

人体的构造也跟树
相似，有一个坚实的躯干和
延伸出的四肢。

人类与香蕉树的基因
相似度约为60%。

植物能感知周围的世界，
也能以人类
熟悉的方式了解世界，
并做出回应。

植物能看，能听，能感觉，也能尝到味道。
它们可以感知到重力和水的存在，也能改变方向以避开障碍物。
植物有触觉，某些植物（比如刺果瓜）
的触觉比人类的触觉灵敏 10 倍。

和人类一样，

植物也有光感受器（能检测到光线的细胞），

在感知层面，植物视觉比人类视觉复杂得多。

植物可以区分红光、蓝光、
远红外线和紫外线，还能察觉波长更长的
可见（和不可见）的电磁波。
植物没有神经系统，所以看不见图像，
但它们的确能将光信号转化为促进生长的信号。

因为植物能精准地感知光的
强度和照射周期，
所以它们也能感受到
时间的流逝。

植物产生的电信号系统与人类神经元产生的类似。
植物能制造神经递质，比如多巴胺、血清素等人脑中
也存在的化学物质。

植物通过光合作用吸收
二氧化碳和其他污染物，
净化我们的空气。

美国国家航空航天局的研究表明，
在清除室内空气中的有机化学物质
（比如苯、三氯乙烯和甲醛等）方面，
室内盆栽植物能发挥重大作用。

植物通过光合作用从空气中吸收
二氧化碳，释放氧气。
人类则吸入氧气，呼出二氧化碳。

因此，
人类和植物通过呼吸，
建立起一种完全
互惠互利的关系。

最近的一项研究推测，
地球上大约有 3.1 万亿棵树，
比银河系中的**星星**还要多。

将任何一片树叶或其他地上植物的叶片放到显微镜下观察，
都能发现上面布满微小的呼吸孔。这些呼吸孔称为“气孔”。
在希腊语中，**气孔**就是**小嘴巴**的意思。
这些气孔就像嘴巴一样吸入二氧化碳，呼出氧气。

1 平方英寸（约 6 平方厘米）的叶片上有成千上万个这样的小嘴巴。
植物通过这样的方式，构建起一个巨大的行星呼吸系统，
成为地球的绿肺。

地球上约 28% 的氧气

来自雨林，

而另外的大部分（约 70%）

来自海洋植物，

如浮游植物、巨藻等。

植物鲜亮的色彩和浓烈的香气不仅为人类带来快乐，

也能为自己引来盟友——

传粉昆虫。

两大物种互相依赖，互惠互利。

科学家们已经鉴定出约 925 000 种昆虫，
但可能仍有 3 000 万种昆虫尚未被发现。

昆虫无处不在，

它们努力求生、茁壮生长，
然后衰弱死亡。

和人类一样，

昆虫也有大脑、神经系统，

以及视觉和听觉器官。

令人惊讶的是，一些昆虫哪怕脑子只有针尖大小，
也表现出了远胜人类的智慧和解决问题的能力。

例如，白蚁仅用身体、
土壤和唾液，
就能造出地球上通风效果
最好的住所。

白蚁丘可高达 25 英尺（约 8 米），功能类似人的肺，
每天通过吸入或排出空气来加热或冷却蚁丘。

蜜蜂在花丛中采蜜时，
能找到最短、最高效的行进路线。
人类要想解决同样的数学问题，
却需要借助计算机算法。

回到蜂巢后，
蜜蜂会跳一种摇摆舞，

告诉同伴蜜源所在地。

通过跳“8 字舞”，摇摆腹部并扇动翅膀，
蜜蜂就能将蜜源的确切方位和距离传播开来。
有时，蜜源或许远在 8 英里（约 13 千米）以外。

和人类一样，
蜜蜂的个性也各不相同，
所以会选择适合自身的工作。

与待在蜂巢中的其他工蜂相比，
冒险外出找食的“侦查员”工蜂大脑里
有 1 000 多种不同的基因表达。

与热衷冒险的人一样，
这些敢于冒险的蜜蜂谷氨酸
水平更高。

人类的生命靠蜜蜂维系。
约 100 种作物养活了全球 90% 的人口，
其中的 70 种作物都由蜜蜂授粉，
包括那些用来饲养家畜的作物。
最终，一些家畜也会成为人类的食物。

令人难以置信的是，

人类并不是唯一会养殖的生物。

切叶蚁和白蚁会养殖真菌。

某些蚂蚁甚至掌握了 **"畜牧技能"。**

这种蚂蚁会照料蚜虫，吃掉后者分泌的含糖物质，
就跟我们喝奶牛产的奶一样。它们甚至会剪掉成熟蚜虫的翅膀，
避免其飞走。通过共享农耕和畜牧技能，人类与某些昆虫的关系，
或许比跟地球上任何其他物种的关系都更亲近。

任何昆虫背后，或许都有一只密切追踪、

随时准备将其快速捕食的鸟。

在拥挤的城市停车场看到一只鸟，

总会让人们联想起郊外的旷野。

人类的前臂、手和鸟类的翅膀，

骨骼结构非常相似。

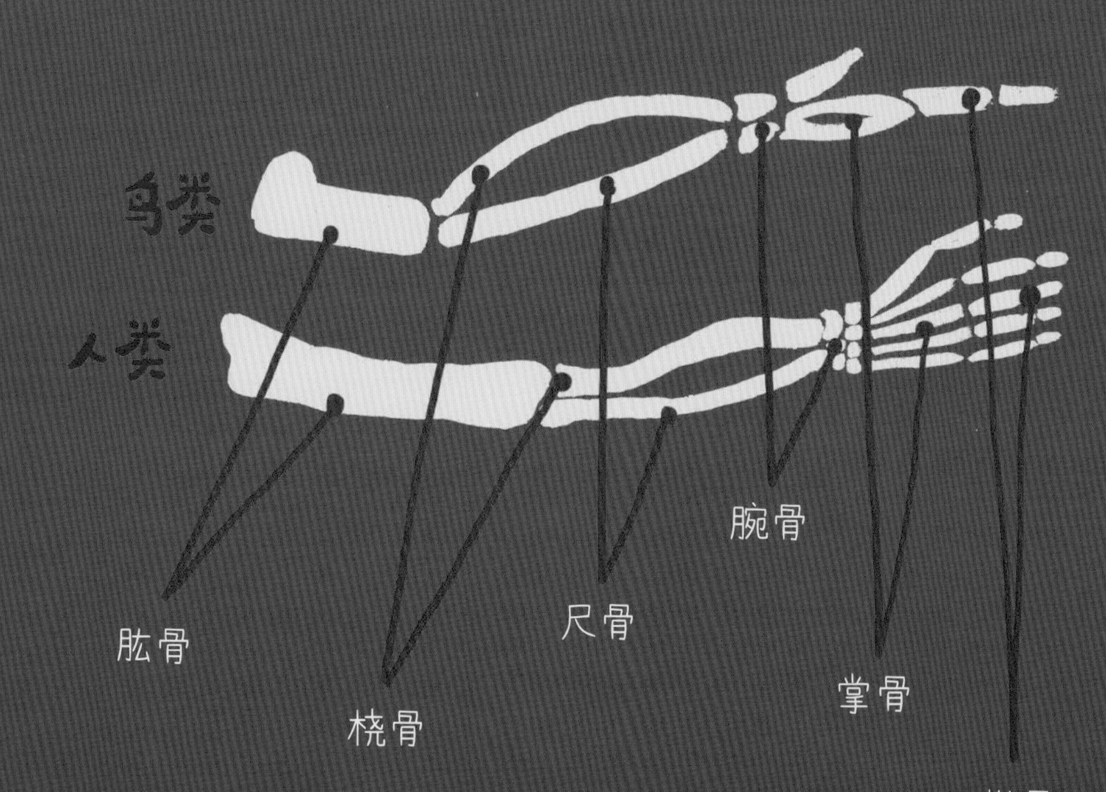

人类
与**鸡**的基因相似
度约为 **65%**。

跟人类发声能力
有关的几十种基因
也活跃在某些
鸣禽身上。

鸣禽专管发声
学习的大脑回路，
与人类负责语言
学习的大脑回路相似。

一些简单的数学比例能产生令人愉悦的和声。
同样的比例也能在北美洲的隐夜鸫和其他鸟类的鸣叫声中找到。
鸟类唱出的音符符合人类音乐的基本组成部分——和声音级。

虽然隐夜鸫唱出的大音阶和小音阶在西方音乐中更常见，

但据观察，隐夜鸫也会唱在某些非西方音乐中

流行的五声音阶。

早在发短信息这种交流方式出现以前，
人类就训练**鸽子**在两个
固定地点间传递信息。

第二次世界大战期间，有一支名叫“美国陆军信鸽局”的部队，
由 3 150 名士兵和 54 000 只战鸽组成。
由这些鸽子传递的信息，90% 以上都被成功接收。
1977 年，英国的两家医院用信鸽传递实验室标本。

喝醉的鸟也会口齿不清。

一项研究表明，喝醉的斑胸草雀无法像平日一样鸣叫，唱出的音符会含糊不清。奇怪的是，与人类不同，它们的肢体协调性却不受酒精影响。

人类也会跟鸟类合作狩猎。
早在公元前 1 000 年，
人类就开始训练猛禽（如鹰）追捕猎物
（其他鸟类或小动物）并带回。

人类和动物之间的确存在差异，
且很多差异已为人所知。
然而，人类与动物之间的共同点，
或许仍大于差异。

——爱德华·沃瑟曼

人类与**狗**
的基因相似度约为84%。

在地球上的所有动物中，人类与

倭黑猩猩、黑猩猩

的亲缘关系最近，

跟它们有 99% 的 DNA 相同。

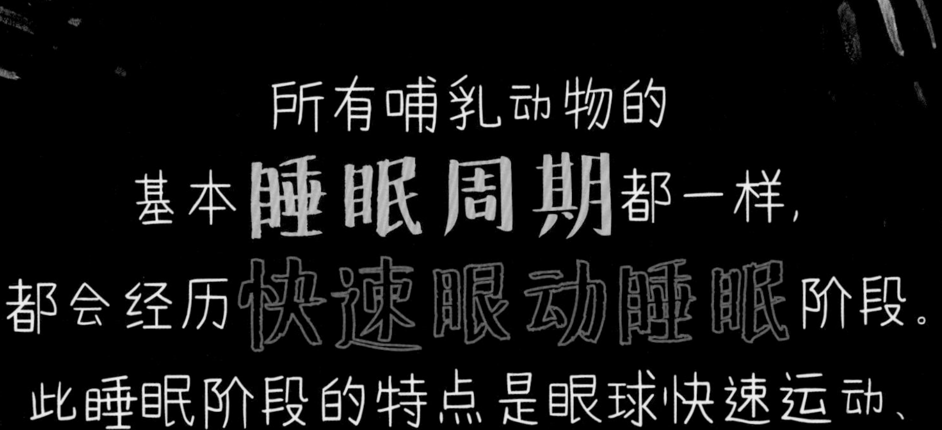

所有哺乳动物的
基本**睡眠周期**都一样，
都会经历**快速眼动睡眠**阶段。
此睡眠阶段的特点是眼球快速运动、
肌肉放松、大脑出现
清晰的梦境。

（不过，动物真的会做梦吗？）

跟人类一样，
许多动物也使用**工具**。

举几个例子。

章鱼

（把椰子壳当庇护所。）

大象

（用树枝拍打苍蝇。）

乌鸦

（把石头和树枝当玩具。）

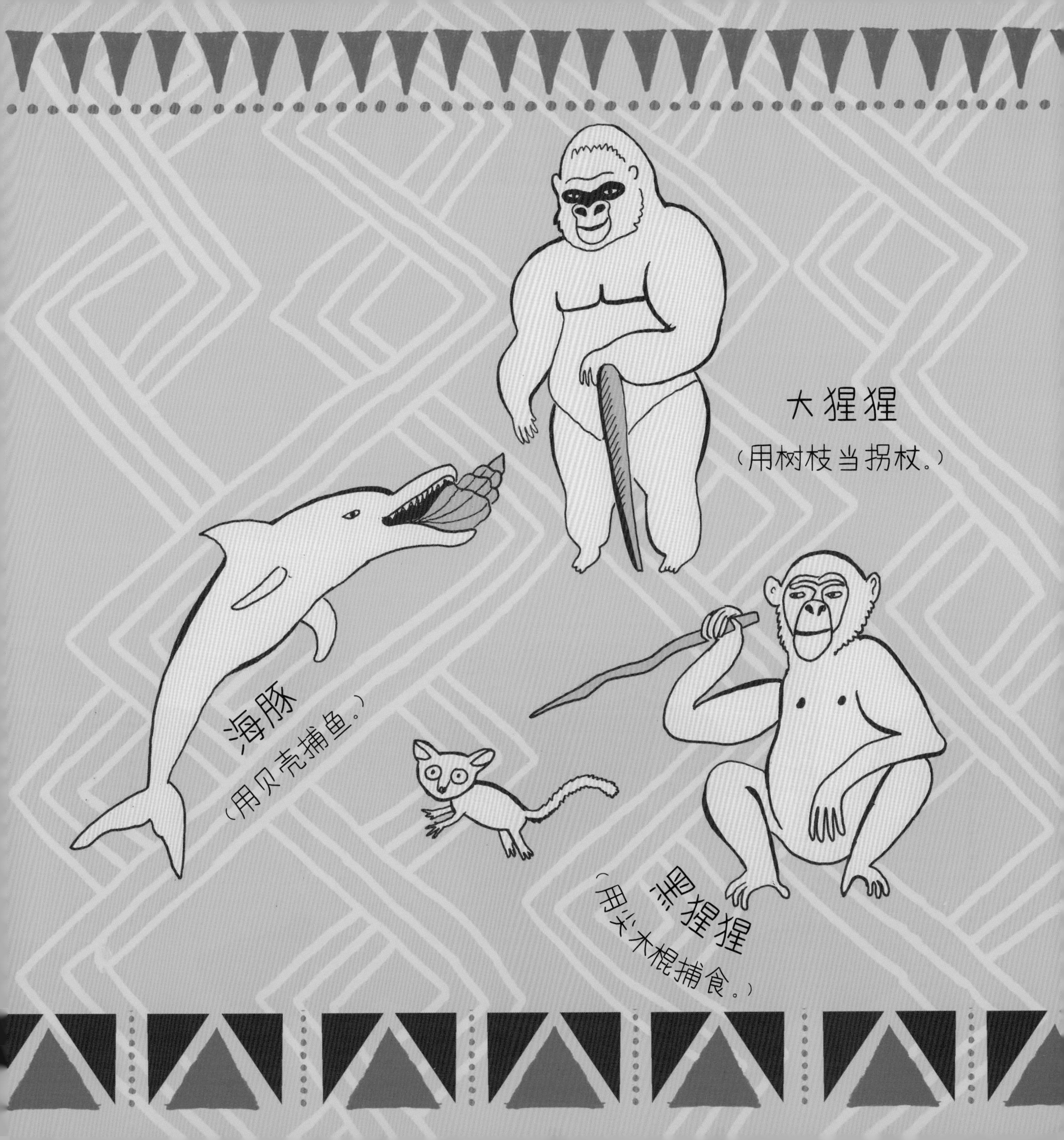

大猩猩
（用树枝当拐杖。）
海豚
（用贝壳捕鱼。）
黑猩猩
（用尖木棍捕食。）

千百年来，人类跟动物“合作”，以推进人类文明的发展。

驯化动物和植物，是人类历史上最关键的进步之一。人类因此获得了稳定的食物来源，这为现代文明的崛起做出了巨大贡献。

被人类驯化的动物有哪些？
它们有何作用？试举几例。

狗

至少在 12 000 年前就被人类驯化。
用途：可放牧、做看护或随同狩猎。

家养火鸡

约在 1 500 年前就被墨西哥土著驯化。
用途：提供肉、羽毛、蛋，供观赏。

金鱼

1 000 多年前被中国人驯化。
用途：当宠物，供人欣赏或参加金鱼比赛。

蚕

大约 5 000 年前被中国人驯化。
用途：吐丝，用于生产丝绸。

黑足鼬

公元前 1 500 年由欧洲臭鼬驯化而来。
用途：当宠物，用于狩猎、比赛和研究。

暹罗斗鱼

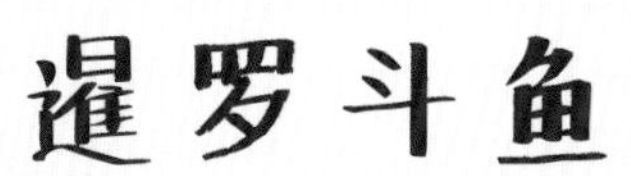

19 世纪在泰国被驯化。
用途：参加比赛或当宠物。

马

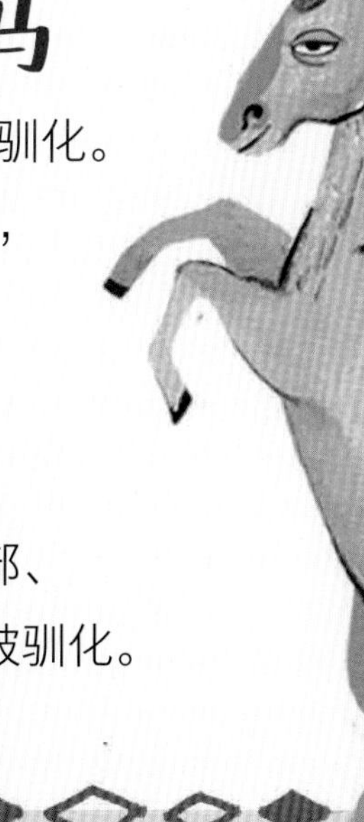

约 1 万年前在欧洲和亚洲各地被驯化。
用途：用于运输或农耕，当战马，
提供肉等。

绵羊

约 1 万年前在新月沃地（伊朗西部、
土耳其、叙利亚和伊拉克一带）被驯化。
用途：提供肉、奶、羊皮和羊毛。

河豚

细菌

变形虫

人类已经
用科学方法鉴定出地球上
大约**200万个物种**，
但人们相信，还有数百万种
生物有待鉴定。

珊瑚

仙人掌

蟹

走鹃
蜗牛
鲨鱼
所有物种都以某种方式
跟我们联系在一起。
南美浣熊
人类

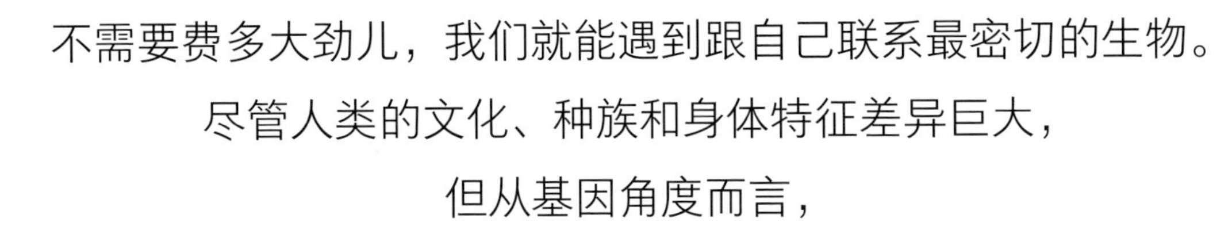

不需要费多大劲儿，我们就能遇到跟自己联系最密切的生物。

尽管人类的文化、种族和身体特征差异巨大，

但从基因角度而言，

我们其实 99.9% 的基因都一样。

现在所有活着的人，

都可以通过母系一脉回溯家族谱系，

最终找到全人类共同的祖先——

一位非洲女性。

这位被称为

“线粒体夏娃”

的女性生活在约 20 万年前的非洲。

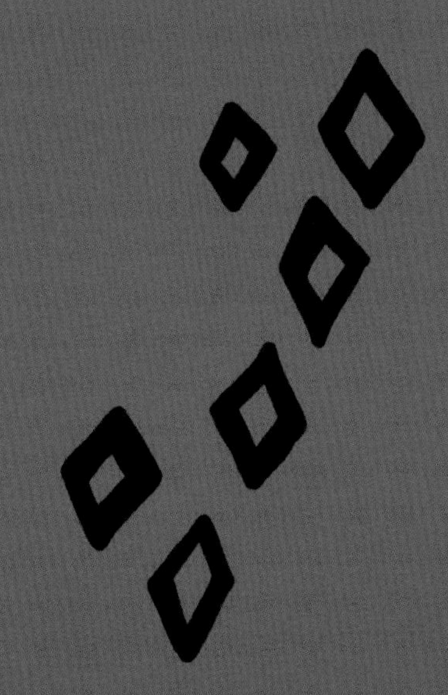

基因调查显示，解剖学
上的现代人是从

非洲

分散到全球各地的。
这大约发生在
2 000 代
（或者说大约
50 000 年）
前。

如今，从某种意义上来说，
地球上的所有人都是**彼此**的**远亲**。
据推测，全人类最近的共同祖先
可能大约生活在3 000年前。

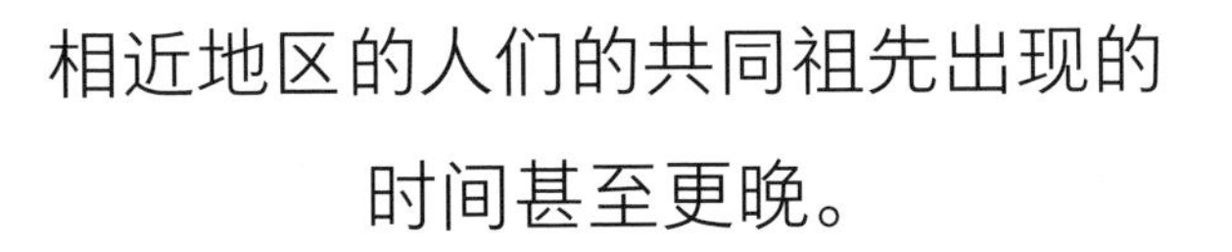

相近地区的人们的共同祖先出现的
时间甚至更晚。
所有欧洲人（不包括最近的移民）
都有一个共同的祖先。
这位祖先大约在 600 年前
（也就是公元 1400 年左右），
才开始在欧洲生活。

平均来说，
结婚的两个欧洲血统的人，
其实是隔了 6 代的表亲。
也就是说，
他们有共同的
曾曾曾曾曾祖父母。

如今还活着的人类中，每 200 人里，就有 1 个是成吉思汗的直系后代。
成吉思汗生活在大约 800 年前，是蒙古汗国（后定国号为元）的统治者。

约 150 万中国人是
爱新觉罗 · 觉昌安的
直系后代。
觉昌安大约生活在 500 年前，
是清太祖努尔哈赤的祖父。

提升……
内驱力!

无论我们是谁，
或在做什么，
我们始终
跟整个生物圈
有机地联系
在一起。
哪怕在一间没有窗户的办公室里，
我们吸入的每一口气，都包含着数万亿空气分子。
这些空气分子在全世界内循环，
让我们与地球上的其他生命紧密相连。

每时每刻，人类的身体都基于**细胞**永恒的**生死循环**，处于积极的再生过程中。

在我们的一生中，每小时都会失去大约 3 万个细胞。皮肤表层大约一年就会更新一次。有些细胞的更新周期是几周，有些则需要几年，甚至几十年。

与 10 年前的
“你”相比，
现在的**“你”**或
许大部分都由
全新的细胞
组成。

（我们的牙齿没有生命，
因此不可再生。）

人体内的每个原子和分子都在不停地运动，最后被排泄掉、呼出或脱落掉。

生物圈里的各种元素会通过我们吃下的食物、

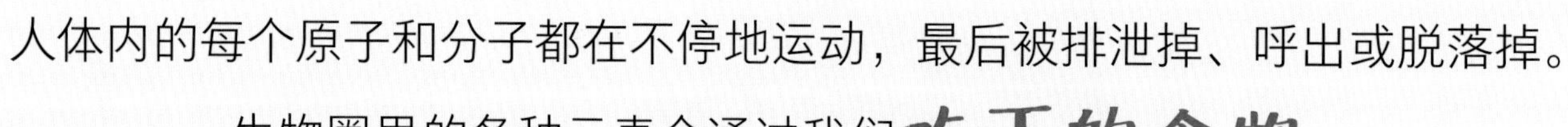

喝掉的水和吸入的空气，

直接替换掉这些废弃的原子。

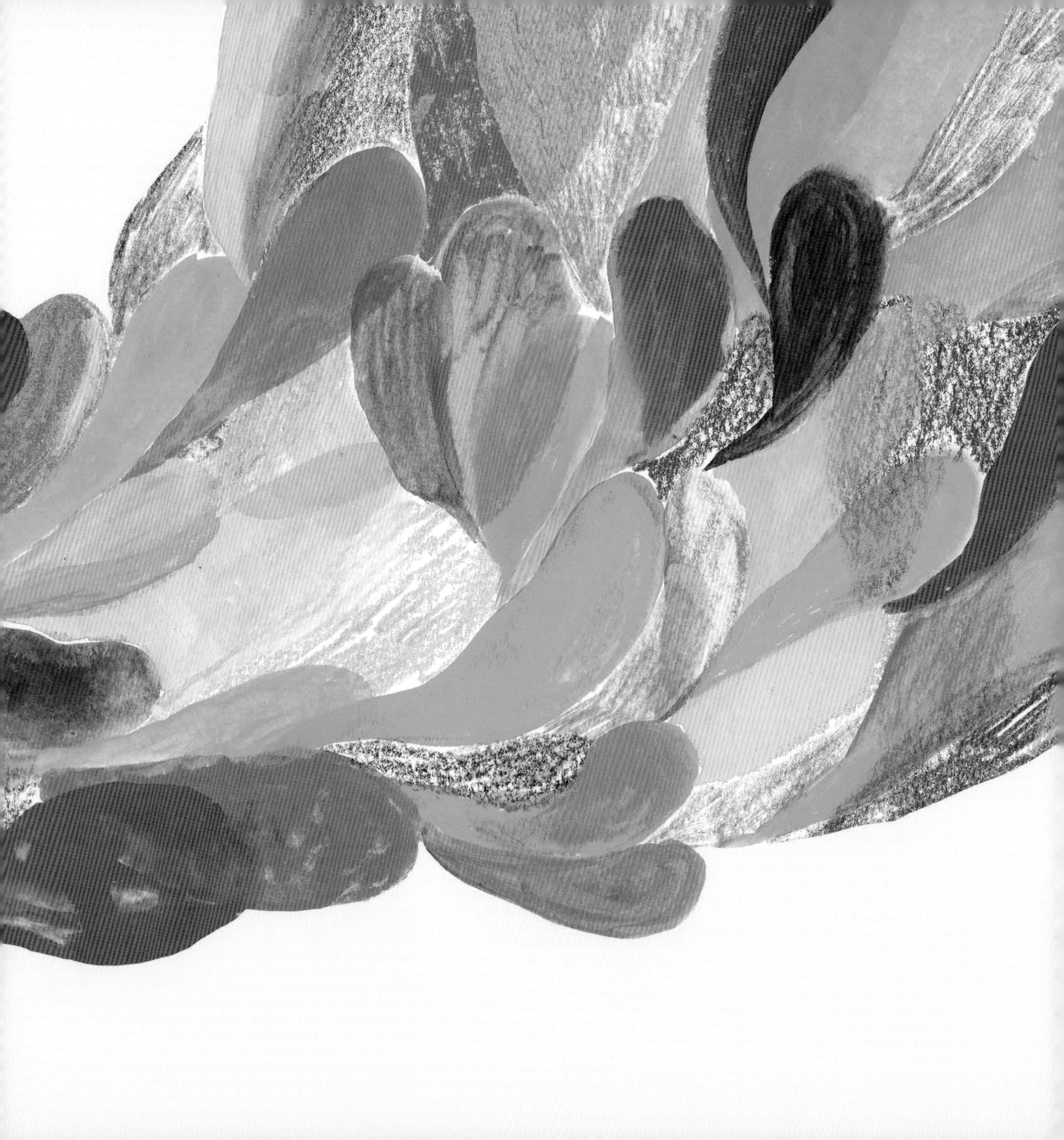

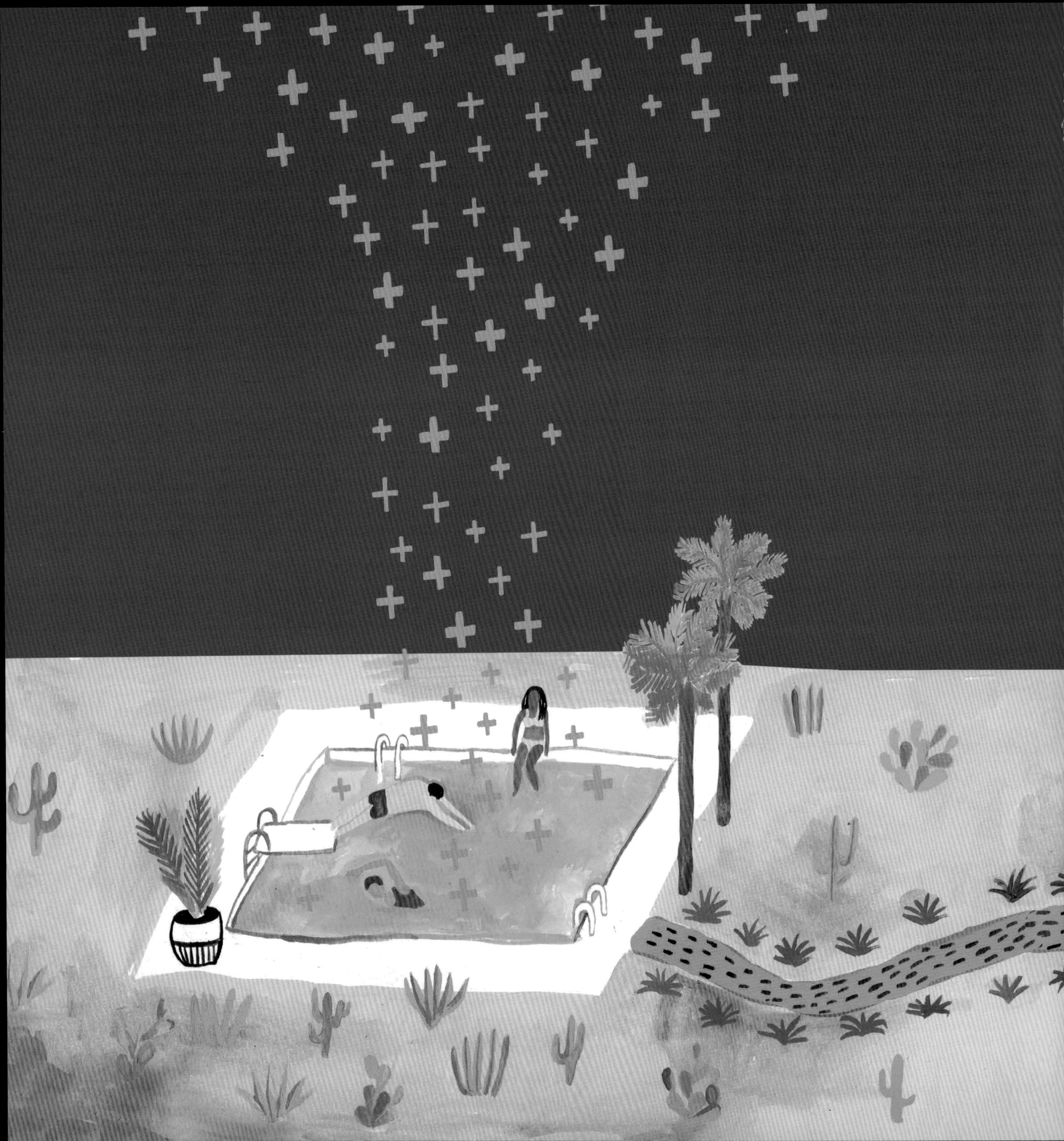

每年，落到地球上的宇宙尘埃有4万吨。

最终，这些含有氧、碳、铁、镍等元素的碎屑会以各种方式进入土壤、植物、动物和人体。由此，我们与头顶上方的宇宙也建立起了动态关系。

宇宙中的所有元素
和生命都处在一个不断交换的系统中，
人类也是该
系统的一部分。

所以我们不仅身在宇宙中，
我们其实
就是宇宙。

这便是

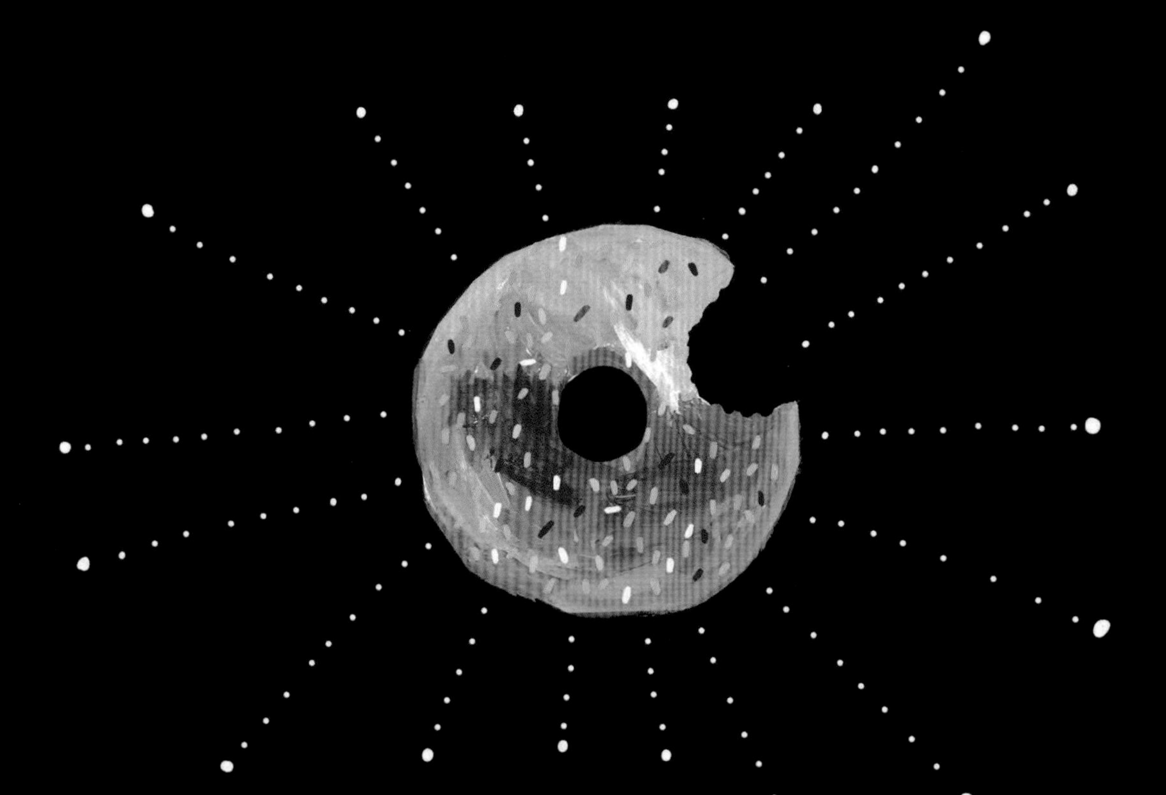

万物
不可思议的
生命循环。

愛
以永恒和
无限的力量，
揭示潜藏在
宇宙中的
奥秘。

致谢

我要感谢我最初的代理人——伊丽莎白·埃文斯。她给了我无数鼓励和赞美，我都开始怀疑是不是有人花钱让她这么干。说真的，伊丽莎白，谢谢你维系这个项目，让它最终成功完成！谢谢我的经纪人劳拉·比亚吉，感谢她一丝不苟地关注每个细节。谢谢我的编辑霍利·鲁比诺，感谢他给我了极大的创作自由，并帮助我将这本狂野而不同寻常的书顺利出版！

特别感谢费利斯、贝拉、利拉、法尔扎德和我妹妹莫妮卡。感谢你们一直以来提出的批评和意见，也感谢你们的不断鼓励。还有亲爱的妈妈和卡伦表妹，谢谢你们认真仔细、兴趣盎然地通读我的手稿。你们真是太暖心了！最后，我要将最狂热的爱献给我的丈夫尼古拉斯，因为他始终坚定不移地大力支持我的艺术事业。整个创作过程中，无论我在写作，还是在画画，他都大力支持，并且经常在关键时刻照看孩子，让我得以完成工作。他甚至建议，如果需要花费太多额外时间，我可以不感谢他。真是个“小怪物”，我爱你。

引用说明

本书提到的信息由大量的资料汇编而成，其中不少知识点来源于网络。我谨慎地从可靠的文章中引用同行评审期刊上的研究结论。大部分此类文章都是线上版，或出自各专业建立的线下杂志等资料。我非常依赖以下网站：美国国家地理（National Geographic）、科学美国人（Scientific American）、史密森尼（Smithsonian）、发现（Discover）、每日科学（Science Daily）、生活科学（Live Science）、美国公共电视网（PBS）和大英百科全书（Britannica）。此外，我发现部分政府网站也非常有用，比如美国地质调查局（the United States Geological Survey）和美国国家生物技术信息中心（the National Center for Biotechnology Information）。

一路走来，有几本书一直鼓舞着我，也在我探索某些主题时提供了关键信息。它们是：《奔跑的菌丝体：蘑菇如何拯救世界》（*Mycelium Running: How Mushrooms Can Help Save the World*，保罗·史塔曼兹著，2005 年出版）、《植物知道生命的答案》（*What a Plant Knows: A Field Guide to the Senses*，丹尼尔·查莫维茨著，2012 年出版，2014 年引进）、《章鱼星人》（*The Soul of an Octopus: A Surprising Exploration Into the Wonder of Consciousness*，赛·蒙哥玛丽著，2015 年出版，2017 年引进），以及《充满野性的生命：捕食者、寄生者和帮助塑造如今人类的同伴们》（*The Wild Life of Our Bodies: Predators, Parasites, and Partners That Shape Who We Are Today*，罗布·R. 邓恩著，2011 年出版）。罗布·R. 邓恩在个人网站上放了无数探索地球微观生物多样性的文章和项目介绍。他对家庭和人体方面的微生物生态学研究之细致，让我总想去冲澡。

著绘者简介

米莎·布莱斯是一名加拿大裔美国人，在科罗拉多州落基山脉长大，现居得克萨斯州奥斯汀。她和丈夫共同经营一家绿色建筑公司，并有两个儿子。闲暇时，米莎喜欢躺在床上读书、夜泳、照看丈夫的花园。她还喜欢边喝伊朗红茶，边讨论那些伟大的创意。